미니멀 쿡

발 행 ㅣ 2023년 6월 19일
저 자 ㅣ 요부마(요리하는 부자 엄마)
디자인 ㅣ 꽃마리쌤
펴낸이 ㅣ 한건희
펴낸곳 ㅣ 주식회사 부크크
출판사등록 ㅣ 2014.07.15(제2014-16호)
주 소 ㅣ 서울 금천구 가산디지털1로 119, A동 305호
전 화 ㅣ 1670 - 8316
이메일 ㅣ info@bookk.co.kr
ISBN ㅣ 979-11-410-3192-3
www.bookk.co.kr

미니멀 쿡

요부마 지음

Minimal Cook

요리하는 부자엄마의 심플하게 요리하며
돈도 모으는 신기한 요리법

프
롤
로
그

나는 삶에 만족할 줄을 몰랐다.
언제나 나에게는 돈도 시간도 부족하다고 생각했다.
지인이 명품을 사거나, 해외여행을 간 것을 보면 부럽고 질투가 났다.
나도 남들처럼 돈을 쓰고 즐기며 살고 싶었고, 큰 집과 좋은 차, 샤넬을 동경
했다. 언제부터인가 행복감을 잃어가고 있었다.

2022년, 7월의 어느날.
내 손에는 코로나 이후로 6월에 가족과 처음 갔던 시카고 여행에서 쓴 카드
명세서가 들려있었다. 400만 원이었다.
설상가상으로 욕실이 오래되어 지하로 물이 새기 시작했다. 공사경비가 천 만
원이 넘었다.
한꺼번에 2천만 원의 목돈이 빠져나가고, 내 통장의 잔고는 확 줄어있었다.
허탈감이 몰려왔다. 무언가 잘못되었다는 생각이 들었다.

어떻게 해야하지?
돈을 모아야겠다는 생각이 들었다. 동시에 '부자가 되고 싶다'는 생각을 했다.

무작정 인터넷에서 '돈 모으기', '부자되기'를 검색했다.
유튜브에서 캘리 최, 주언규, 김미경 님의 강의를 들으니, 모두 '독서'부터 시
작했다고 했다.

인터넷 서점에서 '부자되기'에 대한 책을 검색했다.

그 때 '꿈꾸는 서여사', 서미숙 작가님의 〈50대에 도전해서 부자되는 법〉이라는 책을 발견했다.
바로 책을 주문했고, 한국에서 미국으로 책을 배송 받았다.
꿈꾸는 서여사님이 부자가 된 비법은 식비 절약에 있었다.
그 날 바로, 책에 적힌 식비 절약을 따라하기 시작했다.

이후 다양한 책을 읽고, 생각이 발전하면서 단지 식비를 절약하는 것만이 아니라, 좋은 식재료를 먹을 만큼만 사서 건강한 방법으로 요리해서 먹는 것에 관심을 갖게 되었다. 그러면서 자연스럽게 체중이 줄었고, 몸도 가벼워졌다.
돈도 모으고 몸도 건강해지고, 다이어트도 되는 일석삼조의 새로운 식비 절약법에 '미니멀 쿡'이라고 이름을 붙여주었다.

4개월 동안 500만 원
높아진 자신감과 행복감

11개월이 지난 현재까지 약 천 만 원을 모을 수 있었다. 돈도 모았지만 식비 절약을 하면서 얻은 가장 큰 것은 나 스스로를 절제하고 통제할 수 있다는 것을 체험하면서 얻은 자신감과 행복감이었다.

나는 이전의 나처럼 경제적인 어려움을 겪으며, 스트레스를 받는 사람들, 특히 가정을 위해 최선을 다하는 엄마들이 나의 이야기를 듣고, 미니멀 쿡을 생활에 적용하면서 몸이 건강해지고 마음도 행복해지는 '오늘'을 살게 되었으면 좋겠다.

우리 모두에게 주어진 인생 최고의 선물은 '지금 이 순간' 뿐이다.
그러니 **건강하고, 자유롭고, 행복하자.**

차

례

프롤로그 • 4

PART 3 ──────────── 식비 절약을 즐겁게 하는 방법

PART 4 ──────────── 미니멀 쿡으로 변신하다

PART 1

왜 지금인가

요리하는 부자엄마 (요부마)

누적 방문자 수 140만 명의 10년 차
요리 & 라이프스타일 블로거

홍익대학교 서양학과를 졸업하고 일본 도쿄의
가정식 식당에서 일하였고, 미국 뉴욕의 요리학
교에서 공부하며 미슐랭 3스타 레스토랑인 장조
지(Jean George)에서 인턴십을 하였다.
한식요리사 자격증, 제빵기능사 자격증을 취득
하였으며, 신세계, 롯데 백화점 등, 다수의 문화
센터에서 요리 강좌를 진행했다.

결혼 후에 미국 보스턴과 로드아일랜드에서 살
면서 6세 아들을 키우고 있다.
결혼 8년 차인 2022년 여름, '건강하고 자유롭
고 우아하게 살고 싶다'고 생각하면서, 필요한
만큼의 식재료만 사고, 필요한 만큼만 먹는 '미
니멀 쿡'을 시작하였다.

요리, 독서, 글쓰기, 예술, 여행을 사랑하며, 블
로그 〈요리하는 부자엄마의 미니멀 쿡〉를 통해
사람들과 건강하고 행복하게 사는 법에 대한 이
야기를 나누고 있다.

미니멀 쿡

식비절약은 괴롭고 힘들다?

궁상맞은 식비 절약은 이제 안녕!
부담스러운 요리법도 이제 안녕!!
나는 이제부터 우아한
미니멀 쿡(Minimal Cook)이다.

요리하는 부자엄마의 심플하게 요리하
며 돈도 모으는 신기한 요리법!
나만의 식비 예산 짜기, 냉장고와 냉동
실 정리하기, 똑똑하게 장보고, 쉽게 요
리하며 돈도 시간도 아끼는 노하우.
품격있는 부자되기의 첫걸음!

1

여행, 맛집을 사랑하는 나

나는 여행, 맛집을 좋아한다. 아니, 사랑한다.
성인이 되고 나서 지금까지 일본 도쿄, 미국 뉴욕에서 혼자 생활했으며,
결혼 후에, 아이가 생기기 전까지 중국, 하와이, 북유럽을 여행했다.
아이가 태어난 후에도 멀리는 못가도 샌프란시스코, 시카고를 여행했다.

여행을 할 때의 나는 삶의 활기를 느끼고 살아있음을 느낀다.
다른 도시에 가면 쇼핑보다는 식료품 점과 로컬 레스토랑에서 그곳 특
유의 맛과 분위기를 느낄 때 즐겁고 행복해진다.

일상에서도 동네의 맛있는 식당, 새로 오픈한 맛집을 탐방하는 것은 그
나마 내가 일상에서 할 수 있는 작은 일탈이고 활력소였다.
하지만, 내가 가장 좋아하는 여행과 맛집이 우리집 가계의 가장 큰 구멍
이었다니……!
8년 동안 돈을 모으지 못한 주범이었다니.
결단을 해야했다. 우리 가족의 미래를 위해서. 그리고 나를 위해서.
앞으로 내가 좋아하는 여행과 맛집 탐방을 오랫동안 하기 위해서
라도!

미니멀 쿡은 무엇인가

미니멀 쿡은 몸에 좋은 음식을 먹을 만큼만 사고, 먹을 만큼만 먹는 것이다. 다시 말하면 건강한 식비 절약을 하는 것이다.

미니멀 쿡과 식비 절약은 언뜻 들으면 비슷한 듯 하지만 추구하는 바가 다르다.
절약이라는 말은 '아껴쓴다'는 뜻이다. 쓰고 싶은 것, 써야할 것을 쓰지 않고 참는다는 의미이기도 하다.
미니멀 쿡은 자의로 건강한 음식을 내 몸이 필요로 하는 만큼만 먹는 라이프 스타일을 말한다.
돈을 아껴 종잣돈을 모으기 위해 어쩔 수 없이 아끼고 줄이는 것이 아니라, **나 자신의 건강한 몸과 행복한 마음을 위해, 더 나아가서는 사회와 환경, 미래를 위해서 '필요한 만큼'만을 소비하면서 사는 것을 스스로 선택하는 것이다.**

미니멀 쿡은 건강한 음식을 직접 만들고, 내 몸이 필요로 하는 만큼만 먹는 것이다.

3

왜 지금인가

2022년, 결혼 8년 차, 만 나이로 41세가 되었다.
미국의 로드아일랜드의 작은 교외 마을에서 6세 남자아이를 키우고 있는 전업주부다.

2013년 12월에 서울에서 당시 미국 보스톤에서 일하던 남편을 친구의 소개로 만났다. 5개월 후, 남편을 따라 미국에 와서 결혼생활을 시작했다.
마흔이면 이제 제법 여유가 생길만 한데, 아직 9년이나 남은 주택담보 대출금, 세금, 각종 보험료와 생활비를 쓰고 나면, 돈이 남기는 커녕 마이너스였다.
그나마 모은 돈도 매년 오래된 주택 수리비에, 어쩌다 한 번 가족 여행이라도 다녀오면 금방 바닥이 드러났다.
앞으로 아이를 10년은 더 키워야 하고 돈도 더 많이 들텐데, 지금처럼 살다가는 미래가 암담했다.

경제적인 문제에 마음이 답답해서 며칠을 잠을 설치다가 무작정 유튜브에서 '돈', '부자되는 법'에 대한 강의를 찾아보았고, 독서를 해야겠다는 생각이 들었다.

경제와 재테크 책들을 주문했다.

그 중에 한 권이 서미숙 작가님의 〈50대에 시작해서 부자 되는 법〉이었다. 50대에 운영하던 미술 학원을 닫고, 모아놓은 돈도 없어서 찜질방 매점 이모로 일하던 서미숙 작가 님은 한 주 식비 7만원 살기를 시작했고, 1년 6개월 만에 25억 자산가가 되었다.

이후, 지금까지 엄청난 속도로 자산을 불려가며 베스트셀러 작가이자 동기부여 강사로 활동하고 있다.

책을 읽자마자 "이거다!" 싶었다.

미국에서 어린 아이를 키우면서, 내가 '지금 당장' 돈을 모으기 위해 할 수 있는 일은 오로지 식비 절약 뿐이라고 생각했기 때문이다.

처음엔 '돈을 모아야겠다'는 생각으로 식비를 줄이는 것에 집중했지만, 도미니크 로로의 〈심플하게 산다〉, 마우로 기엔의 〈2030 축의 전환〉이라는 책을 읽으면서, 단지 돈을 아끼기 위한 절약만이 아닌, 건강하고 행복하며, 경제적으로 자유로운 삶을 살고 싶다고 생각하게 되었다.

나아가 나부터 더 나은 환경과 좋은 세상을 만들기 위해 작은 변화를 실천해보자는 생각을 하게 되었다.

그렇게 **미니멀 쿡**을 시작했다.

4

내 몸이 하루에 필요로 하는 음식량

지금도 생활이 빠듯한 것 같은데, 의식주 중에 기본인 먹는 것을 줄이라고 하면 겁부터 날 수도 있다. 나도 그랬다.

지금 주먹을 쥐어보자.
성인 여자라면 오른쪽 주먹이 내 위장의 크기다.
성인 남자라면 양쪽 주먹을 합친 것이 내 위장의 크기다.
그만큼이 내 몸이 한 끼에 필요로 하고, 소화시킬 수 있는 정도의 음식량이다.
놀랍도록 적지 않은가?

아마도 대부분의 사람은 이제까지 내 몸이 필요로 하는 것 이상의 음식을 먹으며 위장을 혹사시켰을 것이다.
미니멀쿡은 필요한 것을 줄이는 것이 아니라, 원래 내 몸이 필요로 하는 상태로 돌아가는 과정이다.

딱 1년, 아니 딱 세 달만이라도 미니멀 쿡을 통해 내 몸을 건강하고 가볍게 만들어보자. 어느새 통장에는 돈이 쌓이고, 내 몸은 더 아름답고 우아하게 변해 있을 것이다.

5

미니멀 쿡, 두 달 동안 얼마나 모았을까?

아이디어는 단순했다.
'식비에 돈을 많이 썼으니, 식비를 줄이면 돈을 모을 수 있을거야.'라고
생각했다.
그 날 바로 식비절약을 시작했다. 그리고 두 달 동안 1990불(274만원)
을 모았다.
한 달에 못해도 $800은 모을 수 있었다.
2022년 8월에 시작해서, 4개월이 지난 후에는 약 500만원 정도를 모았다.
현재 2023년 5월이 된 지금은 천 만원을 모았다.
오랫동안 저축보다는 소비에 익숙했던 내가 할 수 있다면 누구나 할 수
있다.

미니멀 쿡, 오늘부터 함께, 딱 1년만 해보자.
차근차근 건강하고 우아한 부자의 길을 걸어보자.

PART 2

미니멀 쿡,
식비 절약법

1

식비 정산과 예산 정하기

예산 정하기

예산을 짜려면 어떻게 해야할까?

예산을 정하려면 우선 지난 몇 달간 식비에 얼마를 썼는지부터 알아야
한다. 몇 달의 정산을 하는 것이 부담스럽다면, 처음에는 가벼운 마음으
로 지난 몇 주간 내가 식비에 얼마나 썼는지를 노트 또는 엑셀 시트에
적어보도록 하자.

식비에는 쌀,고기,생선,야채,과일,유제품처럼 사람이 반드시 먹어야하
는 식재료들이 있고, 커피, 차, 음료, 과자 같은 기호 식품이나 간식류가
있고, 간장,된장,고추장,고춧가루 등의 양념과 조미료 등도 있다.

오메가-3, 종합 비타민과 같은 영양제는 식비에 넣을 수도 있고, 생필품
으로 분리할 수도 있을 것이다.

이렇게 지난 몇 주 또는 몇 달 간의 식료품 지출 목록과 금액을 살펴보
면, 나의 식비 지출과 소비 습관을 대충 파악할 수 있게 된다.

당신은 어떠한가?

혹시 꼭 필요한 식재료보다 설탕이 잔뜩 든 간식을 사는데 더 많은 돈을
쓰지는 않았나?

혹시 외식을 너무 자주 하지는 않았나?

혹시 밀키트를 너무 많이 사고 있지는 않은가?

혹시 밥 값 보다 테이크 아웃 커피 값, 술 값 등에 더 많은 돈을 쓰고 있지는 않은가?

지난 날에 쓴 돈들을 추적해보면, 그동안 나도 모르게 돈이 줄줄 새고 있던 구멍을 발견하게 된다.

그렇다면, 내가 살아가는데 반드시 먹어야하는 식재료를 사는데 필요한 돈의 액수는 얼마나 될까?

그 액수가 한 주 동안 식료품을 사는데 필요한 나의 기본 식비가 될 것이다.

나의 경우에 매주에 기본적으로 먹어야하는 식재료를 사는데 필요한 금액을 100불로 정했다.

하지만 고기, 쌀, 김치처럼 한인마트에 가서 한꺼번에 식재료를 구입하고 목돈을 내야하는 경우가 있다. 그런 달에는 일단 추가로 100불 정도를 쓰고, 추가로 지출한 금액을 다음달의 주수만큼 나눈 다음에 기본 식비에서 뺀 금액을 그 달의 주당 식비로 조정했다.

예를 들어, 고기와 쌀 등을 사고 한번에 100불을 썼는데, 다음 달에 4주가 있다.

100불/4주=25불이다. 주당 기본 식비 100불에서 25불을 뺀 75불이 다음 달의 주당 기본 식비가 되는 것이다. 다다음달에는 다시 주당 100불로 돌아간다.

종종 기본식비를 넘게 되더라도 너무 스트레스를 받지 않는다.

'이번 달에는 예산을 넘었네. 다음달에는 좀 더 아껴쓰자.'하고 긍정적인 마인드를 유지하는 것이 꾸준하게 미니멀 쿡을 할 수 있는 비결이다.

식비예산은 처음부터 조금 빠듯하게 짜는 것이 목적의식과 도전의식을 갖게 해준다.

한 주에 정해진 예산만을 식비 계좌에 남겨두기

아무리 기똥차게 예산을 잘 짰더라도, 사람의 마음은 너무나 간사해서 한꺼번에 한 달 식비를 넣어놓으면 돈이 충분하다고 생각하게 된다.
그래서 '이 정도는 사도 괜찮겠지'하면서 불필요한 식재료를 사게 된다.

실제로 나는 그런 적이 정말 많다. 솔직히 지금도 종종 그런 유혹에 빠진다.
그래서 **한 주에 필요한 식비와 생활비인 200불만 체크 카드와 연결된 식비 계좌에 남겨두고, 나머지 생활비는 전부 비상금 통장과 저축 통장에 옮겨놓는다. 참고로 나는 매주 월요일에 식비&생활비 통장에 자동이체 되도록 설정해 놓았다.**

체크카드와 연결된 식비 계좌에는 잔액이 50불 이하(5만원)이하가 되면 핸드폰으로 잔액이 낮다는 알림 문자가 오게 설정해두었다. 그래서 50불 이하로 잔액이 떨어지면, 체크카드를 쓸 때마다 잔액이 줄어들고 있다는 문자를 받게 되고, 뭘 더 사려고 했다가도, '움찔'하면서, '이것은 다음에 사자……'하고 도로 내려놓게 되는, 제지효과가 있다.

이렇게 정해진 식비를 식비 계좌에 넣어놓고, 체크 카드를 사용하면서, 내가 지금 식비를 얼마나 썼는지, 식비가 얼마나 남아있는지를 자꾸 확인하고 인지할 수 있어야 예산을 넘지 않는다.

매주 기본 식비만을 식비 계좌에 넣어놓는다!

2

냉장고, 냉동실, 팬트리 정리

미니멀 쿡을 위한 냉장고 정리하는 방법

냉장고 정리법

1) 냉장고 안의 모든 재료를 다 꺼낸다.

2) 유통기한이 지난 것은 버린다.

3) 냉장고 안을 깨끗하게 닦아준 후에 알코올로 소독한다.

4) 모든 식료품을 빠짐없이 다 꺼낸 후에 사진을 찍고,
   먼저 정리한 후에, 사진을 보면서 어떤 재료가 있는지 종이에 적어놓는다.
5) 식재료를 소분해서 용기나 지퍼백에 넣는다.

6) 날짜와 내용물을 라벨링한다.

라벨링-종이 테이프에 유성펜으로 적어주면, 나중에 제거하기도 쉽다.
얼른 먹어야 하는 재료나 음식은 냉장고 안의 앞쪽에, 눈에 띄는 곳에 둔다
음료는 음료끼리, 반찬은 반찬끼리, 야채와 과일도 끼리끼리 정리해준다.

냉동실 정리법

1) 냉동실 안에 있는 식재료를 꺼내서 한눈에 보이게 나열한 뒤에, 사진을 찍는다.
   (갯수가 적으면 바로 종이에 적는다.)
2) 냉동실 안을 빠르게 청소, 소독한다.
3) 불필요한 박스와 포장을 제거한다.
4) 같은 종류끼리 비닐팩 또는 정리용기에 넣고, 내용물과 유통기한을 라벨링한다.
5) 한눈에 뭐가 있는지 잘 보이고, 꺼내기 쉽도록 세워서 정리한다.
   식재료를 찍은 사진을 보고, 종이에 어떤 식재료가 있는 지 전부 적는다.

1) 팬트리(식재료 장) 안의 식재료를 전부 꺼낸다
2) 장 안을 깨끗하게 닦는다.
3) 유통기한이 지난 것은 버린다
4) 어른 과자, 아이 과자, 커피&티, 건조 식재료, 영양제 등.
   같은 종류를 끼리끼리 수납함에 정리해서 넣어준다
5) 팬트리 식재료를 냉장고 지도에 함께 정리한다.

정리 전   VS   정리 후

* 음료, 음식, 약품, 영양제, 식재료, 음식 포장용품,일회용 그릇, 커트러리 등을
  보관하는 공간을 팬트리(Pantry)라고 부른다.
  음식과 음료를 보관하는 팬트리는 보통 부엌 주변에 있다.

1) 팬트리(식재료 장) 안의 식재료를 전부 꺼낸다

냉장고, 냉동실은 생각보다 금방 해서, '어라? 생각보다 쉬운데?'라고 생각했지만, 막상 실온 보관 식료품과 영양제, 소스들을 꺼냈더니, 여기가 고난도였다.
아일랜드 식탁이 모자를 정도로 식료품이 많았다.
그동안 이 작은 공간에 이렇게 많은 것들이 들어있었다는게 신기하고 놀라웠다.

특히 면 종류가 엄청나게 많았다. 한 달 동안 면만 종류별로 해먹어도 될 것 같다.
'뭘 이렇게도 많이 샀을까?' 사놓고 먹지 않는 영양제는 어찌나 또 많은지,
스스로의 소비행태에 반성을 하게 되는 순간이었다.

2) 장 안을 깨끗하게 닦는다.

식재료를 다 꺼낸 후에는 깨끗이 닦아주었다.

3) 유통기한이 지난 것은 버린다.

4) 같은 종류를 끼리끼리 수납함에 정리해서 넣어준다.

▶ 영양제 칸
일단 유통기한 지난 것들을 버리고, 있어도 안먹는 것도 버렸다.
영양제끼리 모아주었다.

▶ 커피&차, 스낵 칸
티 상자들은 버릴까도 했었지만, 버리고 나면, 무슨 차인지 알아보기도 어렵고,
눈에 안보이면 안먹게 되기 때문에, 일단 상자 그대로 정리했다.
티백이 티 박스의 반 정도로 줄어들었을 때는 박스를 버리고, 작은 투명박스에
티백을 넣어서 정리했다. 티백이 얼마나 남았는지 한 눈에 보기 쉽다.
빨대는 사이즈가 맞는 상자에 넣어서 보관하고 싶은데, 높이가 맞는게 없어서 일
단 지퍼백에 넣어서 보관하기로 했다. 안이 보이지 않는 봉투나 상자에 넣으면
내용물 확인이 불가능하므로, 항상 투명한 지퍼백이나 상자에 넣어 보관하도록
하였다.
요즘에는 수납 상자도 정말 다양하고 깔끔하게 잘 나오지만, 가격이 5~10불 정
도는 하기 때문에, 수납 상자는 최대한 사지 않기로 했다.

▶ 아이의 스낵바

정리하면서 가장 기분이 좋았던 아이의 스낵 코너.

각각의 포장 상자에 그대로 남아있던 것들을 다 꺼내서 색깔별로 깔끔하게 정리해주었더니,

상자에서 좋아하는 스낵을 꺼내먹으며 행복해하는 6세 아들이 떠올라 기분이 좋아졌다.

아이 간식은 유기농을 주로 사지만, 종종 아이가 좋아하는 캐릭터 구미를 사주기도 한다.

▶ 건조, 인스턴트 식료품 칸

라면, 파스타 면, 소면, 육수 버튼, 다시 가루, 카레, 오트밀 등

면은 면끼리, 가루는 가루끼리, 시리얼은 시리얼끼리, 종류별로 끼리끼리 모아두었다.

▶ 가루 종류

요리, 베이킹에 자주 쓰는 밀가루, 콘스타치, 베이킹 파우더, 베이킹 소다 등은
바구니에 따로 정리해두었다.

특히 베이킹 할 때 바구니를 한 번에 꺼내서 사용할 수 있으니 편하다.

▶ 일회용품

일회용 컵, 접시, 커트러리(포크, 스푼, 젓가락, 빨대), 쿠키 포장지는 필요할 때
찾기 쉽게 모아서 정리했다.

5) 팬트리 식재료를 냉장고 지도에 함께 정리한다.

2

냉장고 지도 만들기

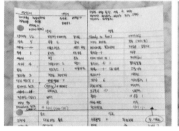 

식료품 지도 만들기

정리를 다 한 후에, 식료품 지도를 만든다.
냉장/냉동/소스/실온/영양제
현재 있는 모든 식재료를 카테고리 별로 이름과 수량을 적어서 냉장고
에 붙여두었다.

이렇게 해두면 매번 머릿속과 냉장고, 냉동실 속을 뒤지지 않아도, 어디
에 뭐가 얼마나 있는지 알 수 있다.
이번주에는 어떤 재료를 사용해서 무엇을 만들지 계획적으로 식단을 짤

수 있고 장보기 리스트를 작성할 때도 필요한 것만 작성할 수 있다.
무엇보다 중복된 재료를 또 사지 않게 된다. 더 똑똑하게 돈을 쓸 수 있다.

덤으로, 남편과 아이들도 냉장고 지도를 보고, 스스로 원하는 음식을 찾
을 수 있게 된다.

나의 식비는 이전 대비 반으로 줄었고, 그만큼 나의 주머니는 이전보다
더 풍족 해졌다.
매달 이렇게 아낀 식비가 저축 계좌에 차곡차곡 쌓이는 중이다.

유통기한이 얼마 안남았거나, 시들어가는 식재료에는 별표를 해놓고, 최대한 빨
리 소비하거나, 손질해서 냉동실에 보관한다.

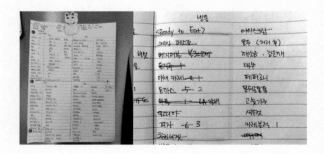

냉장고 지도를 냉장고에 붙이다.
식재료가 추가되면 적고, 사용한 식재료는 바로 지운다.

3

식단 짜기

솔직히 예산짜기, 냉장고 정리, 냉장고 지도 만들기까지는 어떤 가정이든 과정이나 방법이 크게 다르지 않아서, 매뉴얼로 만드는 일이 어렵지 않았다.
하지만 식단짜기를 할 때는 생각이 많아졌다.
집집마다 구성원도 경제 상황도 다르기 때문이다.

앞으로 '무엇을', '어떻게' 먹어야할지에 대해서 곰곰히 생각해보았다.
식비절약도 중요하지만, 무엇보다 건강하게 살고 싶다...!
그리고 내 남편, 아이도 건강하길 바란다.

무조건 식재료를 싸게, 많이 사는 것이 아니라, 신선하고 몸에 좋은 식재료를 골라 건강하게 요리해서 먹는 것이 중요하다고 생각했다.

성인 여성, 남성의 매끼 필요한 음식의 양
마흔 이후의 성인 여자, 남자가 무엇을 얼만큼 먹는 것이 좋을지를 찾아보고 매우 놀랐다.
왜냐하면, 남편과 내가 먹어야하는 양이 생각했던 것보다 훨씬 적었기 때문이다.

▶ 단백질

한 끼에 성인 남성이 먹어야하는 단백질의 양은 손가락을 제외한 자신의 양 손바닥 사이즈 정도이며, 여성은 한 손바닥 정도이다.

육류, 연어와 고등어 같은 기름진 생선은 주에 한두 번 정도가 적당하며, 닭고기, 계란, 두부, 플레인 요거트, 염소 치즈를 골고루 먹어준다.

▶ 탄수화물

한 끼에 성인 남성이 먹어야 하는 곡류, 빵, 면류 등의 탄수화물의 양은 자신의 양 손을 오므린 정도이며, 여성은 한 손을 오므린 정도이다.

▶ 야채 & 과일

한 끼에 성인 남성이 먹어야 하는 채소와 과일의 양은
자신의 양 주먹을 합친 정도이며, 여성은 한쪽 주먹 정도이다.

여성이 먹어야 하는 지방은 엄지손가락 만큼, 우유는 한 컵 정도였다.

성인 남성은 그 두 배 정도를 먹으면 되는 것이었다.

그런데 우리는 그동안 먹어도 너무 먹고 있었다.

돈을 아끼기 위해 식비 절약을 해야하는 것이 아니었다.
오히려 이제까지의 나는 필요 이상의 음식을 먹기 위해 불필요한 돈을 쓰며, 내
위장마저 혹사시키고 있었던 것이다.

앞으로 건강하게 살기 위해서라도 내 몸에 필요한 만큼, 건강한 음식을 먹는, 새
로운 습관을 갖는 것이 시급해보였다.
건강한 음식을 적게 먹는 것을 새로운 목표로 정했다.

냉파 & 음식을 많이 만들어서 냉동하기

처음 시작할 때는 어떤 재료로 무엇을 만들 것인지를 계획하기 위해 머
리를 좀 써야했다.
다행히도 식비 절약을 시작하고 식단을 짠 이후에 첫째 주, 둘째 주, 셋
째 주가 점점 수월해졌다.
정말이다...! 해보면 내가 뭘 믿고 이렇게 장담하는지 알게 될 것이다.

1. 냉파 식단짜기

냉장고 지도를 보고, 내가 만들 수 있는 메뉴를 생각해보자.

예를 들어, 첫째 주다.

냉장고	냉동실	실온
숙주, 케일, 양파, 아보카도, 레몬, 고구마, 두부, 딸기, 사과, 샐러드, 양배추, 방울토마토, 아몬드 밀크, 우유, 요거트	닭가슴살, 돼지안심, 돈까스, 또띠아, 완두콩, 양파, 당근, 애호박, 우동면, 야끼소바면, 햄, 치즈	참치, 양송이 캔, 스파게티면, 소바면, 퀴노아, 바나나, 오트밀, 미역, 잡곡빵

	아침	점심	저녁
월	잡곡빵, 사과 요거트, 달걀, 아몬드 밀크	참치버무리(참치, 양파) 덮밥(샐러드, 아보카도)	계란 볶음밥, 케일 칩
화	동일	돈까스, 샐러드	바나나오트밀
수	동일	에그 또띠아롤(달걀,양파, 양송이, 햄)	치킨 야끼소바(닭고기, 양배추, 숙주, 당근, 양파)
목	동일	두부 미역국, 참치 주먹밥	고구마
금	동일	햄 볶음밥, 케일 샐러드	치킨 가라아게

갖고 있는 재료를 조합하여 식단을 짠다.

대량으로 만들 수 있는 메뉴는 최소 4인분~6인분까지 만들고, 1인분 또는 2인분씩 소분해서 냉동한다.

2. 장보기 리스트 만들기

필요한 영양소와 먹고 싶은 메뉴를 생각하고, 다음주 식단과 장보기 리스트를 작성한다.
(예시) 파프리카, 무, 쇠고기, 연어, 당근, 과일, 빵, 요거트, 사과, 우유

첫째 주의 냉동음식-치킨 야끼소바, 돈까스, 두부 미역국, 햄볶음밥.

그럼 다음주는 미리 냉동한 재료를 먹으며, 요리를 2~3번만 해도, 일주일을 생활할 수 있다.

둘째주, 냉장고 지도 ●

냉장고	냉동실	실온
양파, 아보카도, 레몬, 고구마, 두부, 방울토마토, 아몬드밀크, 우유, 김치, 파프리카, 무, 당근, 잡곡빵, 연어, 쇠고기, 딸기, 사과, 요거트	닭가슴살, 돼지안심, 돈까스, 완두콩, 양파, 당근, 애호박, 우동면, 햄, 치즈, 양송이 (냉동요리) 치킨 야끼소바, 돈까스, 카레,햄볶음밥	스파게티 면, 소바면, 퀴노아, 오트밀, 잡곡빵

	아침	점심	저녁
월	잡곡빵, 사과 요거트, 달걀, 아몬드 밀크	돈까스 김밥, 두부 미역국	치킨 야끼소바
화	동일	연어 구이, 샐러드	바나나오트밀
수	동일	돼지고기&파프리카 덮밥	치킨 카레, 샐러드
목	동일	쇠고기무국, 무 피클	고구마
금	동일	햄볶음밥, 케일샐러드	케일칩, 두부 덮밥

둘째 주의 냉동음식-치킨 야끼소바, 돈까스, 햄 볶음밥, 소고기 무국, 무 피클.
첫째 주에 만든 음식에 둘째 주에 만든 음식까지 더해져서 냉동요리가 더 많아졌다.
셋째 주에는 요리는 2회 정도만 하고, 샐러드, 고구마, 오트밀을 간단하게 만들어 먹는다.

이런 식으로 한 주가 지날 수록 냉동한 음식의 가짓수가 늘어나니, 매끼 요리를 하지 않아도 냉동해 놓은 음식으로 집밥을 먹을 수가 있다.

가정마다 다르지만, 우리집에서는 매일 아침 같은 메뉴를 남편이 준비한다.
잡곡빵, 사과, 요거트, 고지 베리 파우더, 아몬드 밀크 또는 우유, 그리고 계란을 먹는다. 집집마다 상황은 다르지만, 성장기 아이와 운동량이 많은 20대를 제외하고는 매끼를 배부르게 먹을 필요가 없다.

하루에 필요한 영양소를 고르게, 적당량 섭취하는 것에 집중한다.
지나친 음식을 섭취하는 것은 오히려 몸에 해가 되기도 한다.
특히 저녁에 과식을 하게되면, 사람이 자는 동안에 장에서는 찌꺼기를 청소하는데, 소화를 하느라 청소를 하지 못하게 된다.
그러므로 저녁은 가능한한 건강하고 가볍게 먹고, 야식이나 간식은 먹지 않도록 한다.

제철 야채와 과일을 충분하게 먹고, 고기는 조금, 생선, 두부, 계란을 적당량 먹고, 탄수화물도 반 공기만 먹기로 했다.

일주일에 한 번 정도는 먹고 싶은 부대찌개, 치킨, 떡볶이, 쵸콜
렛 케이크 등을 기분좋게 먹는다. 그정도는 해줘야 또 사는 재미
가 있으니까.
식비 절약+건강한 식습관은 자연스럽게 저축과 다이어트라는
결과로 나타났다.

건강하게, 가볍게, 적당하게 먹는다.

5

장보기

1. 장을 보는 횟수는 일주일에 1~2회로 제한한다.
2. 장볼 때는 미리 마트의 쿠폰, 포인트 정보를 확인한다.
3. 장보기 전에 뭐라도 먹고 간다.
4. 장볼 때는 혼자 간다.
5. 장볼 때는 장보기 리스트에 있는 것만 빨리 사가지고 나온다. 괜히 오래 머물며 둘러보지 않는다.
6. 한 달에 한 번, 마켓을 둘러보는 날을 따로 정한다.
7. 예산을 넘기면, 당장 필요하지 않은 것은 뺀다.
8. 푸드 코너에는 가지 않는다.
9. 영수증과 쿠폰은 꼭 챙긴다.
10. 가계부를 작성하고, 포인트를 챙긴다.

6

식재료 손질, 정리, 보관하기

장을 봐왔다. 이제 무엇을 해야할까?

장본 것을 가능한 한 포장 그대로 냉장고에 넣지 않는다.

가장 좋은 것은 장을 봐오자마자, 식재료를 손질하는 것이다.

만약, 시간이 없어서 미루더라도 2~3일 안에는 모든 재료를 손질, 정리 해서 보관한다.

식재료를 손질하고, 적절하게 정리한 후에는 옳은 방법으로 보관한다.

군이 귀찮게 식재료를 손질, 정리, 보관하는 이유는

1. 식재료를 신선하게 보관할 수 있다.
2. 냉장고와 냉동실을 보기좋고 깔끔하게 유지할 수 있다.
3. 요리할 때 드는 시간과 수고를 절약할 수 있다.
4. 음식물이 상해서 버리는 일이 없어진다.

유통기한이 얼마 남지 않은 것, 신선하지 않은 야채, 과일은 냉장고 문을 열자마자 보이도록 앞쪽에 놓는다.
시선이 불편해져야, '아! 이것부터 얼른 먹어야지!'하는 마음이 생기기 때문이다.
식재료를 잘 정리한다며 서랍 안에 넣거나, 안쪽에 차곡차곡 정리해놓으면
눈에 안보여서 결국 안먹고 버리게 된다.

'식재료도 사람처럼 눈에서 멀어지면 마음에서도, 손에서도 멀어진다.'

식재료는 포장 그대로 보관하지 않고, 손질하고 소분한 후에 냉장 또는 냉동 보관한다.
(좀 더 자세한 식재료 보관법은 Chapter 5에서 소개하였다)

-야채는 본래의 포장지를 버리고, 식재료 용기에 넣고 라벨링한 후에 보관한다.
-과일은 먹을 만큼만 씻어서 밀폐용기에 보관하고, 씻지 않은 것은 다른 밀폐용기에 보관한다
-고기, 생선은 먹을 만큼만 밀폐용기에 보관하고, 나머지는 1~2인분씩 소분해서 지퍼백에 넣고 라벨링 한 후에 냉동보관한다.

7

○

요리하기, 냉동하기

1. 식단을 짜고, 냉동이 가능한 음식은 한번에 4~6인분 정도를 요리한다.
2. 1~2인분씩(가족 수에 따라서) 밀폐용기 또는 지퍼락에 담은 후에, 음식 이름과 만든 날짜를 라벨링(표기) 한 후에 냉동보관한다.
3. 냉동보관할 때, 먼저 만든 것을 위로 올리고, 나중에 만든 것을 아래쪽에 보관한다.
4. 위에 있는 것(이전에 만든 것)부터 먼저 먹는다.

냉장고 지도에 냉동음식을 따로 적어놓으면, 무엇이 있는지 파악하기 좋다.

8

가계부 쓰기, 정산하기

식비절약의 시작은 예산 짜기라면, 마무리는 가계부를 쓰고, 실제로 얼마를 썼는지 정산하는 것이다.

제일 좋은 방법은 매일 가계부를 쓰고, 주간으로 정산한 후에 이를 합쳐서 월간 정산을 하는 것이다. 매일 10분만 할애하자. 귀찮다고 미루다보면 쌓여서 나중에는 더 하기 힘들어진다.

매일-주간-월간-년으로 정리하면, 어떤 항목에 돈을 많이 썼는지 파악할 수 있다. 정산을 한 후에는 다음 해의 예산을 짠다.

유난히 지출이 많았던 항목을 줄이도록 한다. 지출을 줄일 수 없는 항목이 있는지를 확인해보고, 줄일 수 있는 것은 줄이고, 저축은 늘린다.

PART 3

식비 절약을
즐겁게 하는 방법

1

게임의 법칙
재미있는 게임이라고 생각하자

나는 미니멀 쿡(식비 절약)이 하면 할수록 레벨업이 되는 **재미있는 게임**이라고 생각했다.

냉장고를 깔끔하게 정리하고, 예산에 맞게 장보기 리스트를 만들고, 마트에 가서 예산에 맞게 장을 보는 것을 게임 미션이라고 상상했다. (실제로 만 원으로 하루를 사는 예능 프로그램이 있었다.)

식재료를 손질하고 소분하는 것은 내 냉장고 안에서 테트리스 게임을 하는거고, 정해진 재료로 요리를 할 때는, 나 스스로를 예전에 인기 프로였던 유명인의 냉장고 속의 재료만으로 멋진 요리를 만들어내는 {냉장고를 부탁해}에 출연한 셰프라고 상상했다.

그렇게 마인드 컨트롤을 하다보니, 식비 절약 노하우가 매일 업그레이드 되는 것이 마치 게임 레벨이 올라가는 것처럼 느껴졌다.

2

나눔의 법칙
나눌수록 풍족해진다

식비 절약을 한다면서, 모든 재료를 아끼고, 사람도 안만나고 혼자 고립되면 외롭고 힘들다. 그렇게 하면 쉽게 지치고, 금방 포기하게 된다.

나는 식재료를 주변 사람들과 나눌수록 내 냉장고 속이 풍성해지는 것을 경험했다.

요리하는 것을 좋아하는 나는 친구들을 자주 초대해서 밥을 해주었다. 내가 밥을 해주면, 친구들은 간식이나 디저트, 음료 등을 가지고 왔다. 때로는 친구가 자기 집에 있는 재료를 갖고 와서, 나의 식재료와 합쳐서 더 풍성한 식탁을 차릴 수 있었다.

세상은 혼자서 살 수 없다.
나눌수록 식탁이 더 풍성해진다.

3

공짜의 법칙
공짜면 더 좋다

식비 절약을 할 때 잘 활용하면 좋은 것이 각종 쿠폰과 포인트이다.

요즘에는 마트나 음식점에서 쿠폰을 많이 발행한다. 자주 가는 마트나 시장에서 발급하는 쿠폰, 포인트 정보를 미리 확인하자.

나 같은 경우는 동네 마트에서 매번 받는 할인 쿠폰과 포인트를 사용한다. 동네 편의점에서 매주 보내주는 $4 할인 쿠폰으로는 생활용품을 구매한다.

단, 5만원 사면 5천원 할인을 해주거나, 한 달 안에 5만원 씩 4번을 사야만 하는 등의 정해진 금액을 채워야 하는 쿠폰은 주의하자.

쿠폰은 미리 정해놓은 아이템을 구매할 수 있을 때 사용해야지, 쿠폰을 사용하기 위해서 아무 생각없이 마트에 갔다가는 오히려 불필요한 지출을 더 하고 오는, 이른바 눈탱이를 맞고 올 수 있다.

1+1 제품도 주의하자. 한 개 가격이 다른 곳보다 정말 저렴한 것인지, 아니면 한 개를 다른 곳보다 비싸게 파는 것은 아닌지 확인해보자.

4

자급자족의 법칙
직접 키워서 먹으면 더 맛있다

생각보다 작은 공간에서도 쉽게 키울 수 있는 채소들이 많다.
대파, 파, 토마토, 깻잎, 가지, 바질 등의 각종 허브들은 아파트
베란다만한 공간만 있으면 얼마든지 키울 수가 있다.
이렇게 키운 채소들은 식비를 줄이는데 도움이 된다.

게다가 직접 키운 채소들을 볼 때의 뿌듯함과 건강함은 보너스!

습관의 법칙
습관이 될수록 덜 힘들다

뭐든 처음 시작할 때는 힘이 든다.

매번 장볼 때마다 사고 싶은 것을 살까말까 고민하는 것도, 잔고가 부족해서 사고 싶은 것을 다음주로 미뤄야 하는 것도……스스로가 궁상맞게 느껴지기도 했다.

하지만, 두 세 달 후에 내 통장에 잔고가 불어나 있는것을 보니 스스로가 기특했다. 자신감도 생겼다. 무엇보다 세 달이 지나니 익숙해졌고, 덜 힘들게 느껴지며, 추진력이 생겼다.

나만의 작은 회사를 운영한다고 생각했다. 회사 운영의 기본은 적게 쓰고 많이 버는 것이다. 우리 집 세 식구 수입과 지출도 관리하지 못하는데, 어떻게 큰 돈을 운영할 수 있겠는가?

언젠가 생길 큰 돈을 관리하려면, 지금부터 연습하고, 내 집에서부터 성공해야 한다.

작은 성공이 많이 쌓여야, 큰 성공을 이룰 수 있다.
작은 돈부터 잘 관리해야, 큰 돈을 굴릴 수 있다.

6

미니멀 법칙
미니멀할 수록 좋다

우리 가족은 남편, 나, 6세 아들까지, 매일 아침 같은 메뉴를
먹는다.

잡곡빵, 사과, 계란, 아몬드 밀크, 지방 0% 플레인 그릭 요거트,
고지 베리 파우더.

매일 아침 같은 것을 먹으니, 더이상 뭘 해먹을지 고민하지
않는다.

불필요한 생각과 시간, 노동이 줄었다. 저녁도 일주일에 2~3번
은 간단하게 오트밀, 고구마를 먹는다. 메뉴와 요리 과정이 미
니멀해지니 식비도 줄어들고, 수고도 줄어들었다.

1

저절로 살이 빠진다?

매일 아침에는 같은 메뉴를 먹고,
점심은 일주일에 2~3번 한 번 요리할 때 양을 많이 만들어서 소분
해서 냉동했다.
저녁에는 냉동한 음식들을 데워서 신선한 야채나 과일과 함께 먹
었다.
일주일 2~3번 정도는 간단하게 찐 고구마와 오트밀을 먹었다.

그렇게 8주를 했더니 나도 모르는 사이에 4킬로그램이 빠져있었다.
덩달아 남편의 뱃살도 줄어들었다.

예전에 모델 이소라 님의 유튜브 채널에서 그녀가 아침은 바나나
오트밀을 먹고, 점심은 현미밥 반공기를 데친 다시마에 싸먹는 영
상을 본 적이 있다. 매우 심플했다. 그녀는 일부러 다이어트를 하
지 않고, 평소에 건강한 음식을 소식하는 방법으로 체중을 관리하
고 있다고 했다.

건강하고, 간단한 음식을 소식하기!

2

삶 자체가 미니멀해졌다

이전에는 단순하게 심플하고 깔끔한 디자인을 좋아하는, 이른바 보이는 것에서 미니멀리즘을 추구했다.

'경제적으로 자립하기', '부자되기'라는 목표가 생기고 나서부터 물건 보다는 미래에 필요한 돈을 모으고, 그 돈으로 나의 자산을 만들고 싶다는 생각이 간절해졌다.

뚜렷한 목표와 목적을 갖고 절약을 하니, 집 안에서 자연스럽게 불필요한 물건들이 줄어들었다.
돈이 에너지라는 생각을 하고 나니, 내 에너지를 살면서 꼭 필요하지도 않은 물건들에 쓰고 싶지 않았다.

이전에는 별 생각없이 구매하던 식재료, 생활용품도 꼭 사야만 하는건지, 혹시 다른 사람에게 빌리거나 물려받을 수는 없는지를 먼저 생각하게 되었다.

인생을 사는데 반드시 필요하지도 않는 물건과, 그 물건을 고르는데 드는 시간, 그 물건을 사는데 드는 돈을 쓰지 않다보니, 미니멀 라이프가 점점 생활 속에 스며들었다.

PART 5

소식하기

1

작은 밥그릇과 국 그릇

매일 사용하는 밥 그릇, 국 그릇을 작은 것으로 바꾸는 것만으로도 식사량을 줄일 수 있다.

환경을 바꾸면 새로운 습관을 익히는 것이 훨씬 쉽다. 작은 밥그릇에 갓 지은 밥을 소복하게 담고, 국도 충분하게 담으면, 이전보다 음식 양은 줄었음에도 불구하고 푸짐하게 느껴진다. 반찬도 한꺼번에 담지 않고, 작은 1인용 그릇에 담아서 먹는다.

우리집에 놀러온 친구는 내가 밥을 퍼줄 때는 '밥이 적다.'고 생각했는데, 막상 그만큼만 먹어도 식사 후에 포만감이 느껴지는 것에 놀랐다고 했다.

참고로, 사람이 포만감을 느끼기까지는 음식을 먹기 시작했을 때부터 20분 정도가 걸린다고 한다.

천천히 꼭꼭 씹어먹다 보면, 양을 줄였는데도 포만감을 느낄 수 있다.

2

우아하게 먹자

반찬은 반찬통을 그대로 열어서 먹지 말고, 작고 예쁜 그릇이나 볼에 적은 양만 덜어서 먹는다.

과자는 봉지 째 손으로 집어먹지 않고, 다기에 먹을 만큼만 덜어서 먹는다. 맥주도 캔 째 마시지 않고, 냉동실에 넣어 시원하게 얼린 작은 유리컵에 부어서 먹는다.

그렇게 자신을 절제하면서 음식을 즐기다 보면, 스스로가 우아하게 느껴지고 기분이 좋아진다. 나를 위해 우아한 사치를 부려 보자.

3

○

사지 않는다

평소에 샐러드에 기름진 드레싱을 뿌려서 먹었다면, 당분간은 드레싱을 사지 않는다.
대신 올리브 유, 레몬즙, 소금 등 자연 그대로에서 나온 재료들을 뿌려서 먹는다.
컵라면, 기름진 과자, 술, 탄산음료도 당분간은 사지 말자.

있으면 보게 되고, 보게 되면 먹게 된다.

달고, 맵고, 짜고, 기름진 음식은 먹으면 먹을수록 더 찾게 된다.

PART 6

미니멀 쿡
식재료 보관 & 준비

1

양파

양파의 효능

양파에는 비타민B, 비타민C, 칼슘, 아연, 식이섬유와 매운 맛을 내는 메틸프로필이 들어있다. 메틸프로필(Methyl propyl)은 혈액 안에 포도당 대사를 촉진해 혈당치를 낮추어준다.
혈관 건강을 지키는 데 좋다.

양파 속 들어있는 퀘르세틴이 혈관 벽의 손상을 막고 건강에 나쁜 콜레스테롤(LDL) 농도를 낮추며, 혈압 수치도 낮춰준다. 알리신은 혈관내 유해균 증식을 막아준다.

혈액순환을 개선해주고, 혈전을 예방하며, 뇌졸증을 감소시켜준다.

▶ 양파 보관법

양파는 대부분의 요리에 들어가기 때문에 보통 망으로 구입한다.
양파 껍질만 벗긴다. 키친타올로 싸고, 비닐랩으로 싼다.
지퍼백에 넣어서 냉장 보관 한다.

 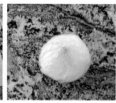 

쓸 때마다 손질하지 않아도 되고, 3주 동안 동안 신선하게 보관이 가능하다.

양파 껍질에는 퀘세틴이라는 황색 색소가 있는데, 혈관을 강화해 암과 노화를
방지해준다.
식초물에 5~10분 정도 담궜다 물에 여러번 헹군 후에, 바람이 잘드는 그늘에 말
려서 육수나 차로 마신다.

요뷰마의 Tip

신선도가 떨어진 양파는 반은 채쳐서, 반은 작게 다져서 밀폐용기에 넣고 냉동
보관하면 요리할 때마다 매번 자르지 않고, 바로 꺼내서 볶거나 끓일 수 있어서
매우 편하다.
애호박, 당근, 버섯 등도 다져서 냉동보관하면 볶음밥, 국, 찌개 등을 만들 때 바
로 사용할 수 있다.

2

○

마늘

마늘 효능

마늘 특유의 알싸하고 매운 냄새의 성분인 알리신이 체내 비타민B의
효과를 높여 피로를 회복시킨다.
위장의 점막을 자극해 소화기능을 높여주고, 식중독을 예방하는 살
균효과가 뛰어나다. 감기를 낫게 하고, 몸의 혈액순환을 원활하게 하
며 근육 피로를 풀어준다.
그 밖에도 인, 칼륨, 아연, 구리, 아미노산 등이 함유되어 있다.

▶ 마늘 보관법

다진 마늘

마늘은 한 번 깨끗한 물에 씻은 후에 물기를 완전하게 제거하고,
푸드프로세서에 다진 후에 지퍼백 안에 넣는다.
다진 마늘을 평평하게 펴준 후에, 칼등으로 바둑판 모양으로 자국을 내준다.
냉동실에 평평한 채로 놓고 냉동한다.
딱딱하게 냉동된 후에 하나씩 떼어서 밀폐용기 또는 지퍼백에 넣어서 보관한다.

편썬 마늘

마늘을 편썰어서 냉동보관 해두면, 볶음요리나 구워먹을 때 편하다.

3

숙주와 콩나물

대두를 싹 틔운 것인 콩나물, 녹두를 싹 틔운 것이 숙주이다.

콩나물 효능

숙취해소에 효과가 있는 아스파라긴산이 들어있다.
풍부한 비타민C가 피로회복, 감기예방, 빈혈에 효과적이며, 칼륨과
섬유질은 고혈압과 변비를 예방해준다.

숙주 효능

식물성 단백질, 비타민 B군, 칼슘, 칼륨, 철 등이 균형있게 들어있다.
생기 있는 피부를 원하는 여성이나 변비, 빈혈이 있는 사람에게 좋다.
양질의 식물성 단백질은 근육 형성을 도와주며 면역력을 높여 감기,
암을 예방해준다.

비타민C는 칼슘, 마그네슘과 함께 섭취하면 골다공증을 예방해주는데, 숙주에는 세 영양소가 다 들어있다. 비타민 B는 신진대사를 높여 지방분해를 도와주기 때문에 다이어트 할 때 먹으면 좋다.
단, 몸을 차게하는 성질이 있으므로, 몸이 냉한 사람은 너무 자주, 많이 먹지 않도록 한다.

▶ 숙주와 콩나물 보관법
숙주와 콩나물을 크기가 충분한 밀폐용 컨테이너에 담은 후에,
숙주와 콩나물이 잠길 정도로 물을 넣고 뚜껑을 닫아 냉장보관한다.
물을 이틀에 한 번씩 갈아준다. 1주일 동안 신선하게 보관이 가능하다.

요부마의 Tip

숙주 데칠 때 주의점!

숙주는 소금을 약간 넣은 끓는 물에 2분 간 데친다.
오래 데치면 비타민과 다른 영양분을 손실시킨다.
숙주를 데친 후에 찬물에 식히지 않는다.
찬물이 숙주로 침투해서 맛도 떨어지고 식감도 떨어지기 때문이다.

4

○

버섯

버섯의 효능

버섯은 종류에 따라 다양한 효능이 있지만, 공통적으로 수분함량이 많고 칼로리가 적어서 다이어트에 좋다.
불면증 완화, 변비 예방, 피부미용에도 효과적이라고 하니 예뻐지고 싶은 사람에게는 최고의 식품인 것 같다.

특히 표고버섯은 당뇨, 고혈압과 같은 성인병을 예방해준다.

▶ 버섯 보관법

냉장보관

버섯은 뿌리를 자르지 않고 키친 타올로 잘 싼 후에 밀폐용기 또는 지퍼백에 밀
봉해서 최대 1주일만 냉장 보관 한다.

냉동보관

씻지 않는다.
표면이 더러운 경우에는 키친타올로 살짝 닦은 후에 뿌리를 자르고, 요리의 용도
에 맞게 채 썰거나 다져서 지퍼백 2개를 2중으로 해서 밀폐한 후에 냉동하면, 최
대 1개월 보관 가능하다.

5

○

대파, 쪽파

파의 효능

파는 몸을 따뜻하게 해준다. 비타민 B1의 흡수를 돕는 유화아릴이 들어 있어, 피로 회복 및 식욕 증진 효과도 높아진다. 소화액의 분비를 촉진하고 식욕을 높여준다. 비타민 C와 식이섬유도 풍부하다. 푸른 부분에는 미네랄이 골고루 들어 있다.

▶ 보관법

파를 물에 깨끗하게 씻고 물기를 제거한다. 뿌리, 흰부분과 푸른 부분을 나눈 후에 뿌리는 건조하여 육수를 만들 때 사용하고, 흰부분과 푸른 부분은 송송 자르거나, 어슷하게 잘라서 밀폐용기나 지퍼백에 넣어서 냉동 보관하면 오래 사용할 수 있다.

6

양상추

양상추 효능

양상추에는 칼슘, 철, 등의 미네랄과 피로회복에 좋은 비타민C, 피로
회복을 도와주는 비타민 B, 지방의 산화를 막아주는 비타민E가 고르
게 들어있다. 93% 수분으로 이루어져 있어서 수분 섭취에도 좋은 채
소이다.

▶ 보관법
키친타올을 물에 적신 후에 물기를 짠다.
양상추를 키친타올로 감싸고 플라스틱 랩으로 잘 감싼 후에
지퍼백에 넣어서 냉장고에 보관한다.

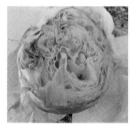  

7

두부

두부 효능

이소플라본이라는 식물성 단백질이 암세포의 성장을 억제하고 혈액순환을 돕는다.
특히 여성에게 좋은데, 여성의 갱년기 증상을 완화하는데 효과적이며, 황산화 기능이 있어서 피부건강을 회복시켜주기 때문이다.

비타민 B2, 칼륨이 풍부해 피로 해소 효과가 있으며, 풍부한 단백질이 근력, 면역력을 향상시켜준다.

▶ 두부 보관법

냉장 보관

흐르는 물에 두부를 한 번 헹군다.

밀폐용기에 두부를 넣고, 두부가 잠길 정도로 생수를 부어준다.

소금 1작은술을 넣고 밀폐한 후, 냉장 보관하되, 2~3일에 한번 새로운 소금물로
바꿔준다.

약 5일간 냉장 보관 가능하다.

냉동 보관

냉장 보관하던 두부를 소금물에 담군 채로 냉동 보관해준다.

한 달 동안 냉동 보관이 가능하다.

8

계란

계란 효능

계란에는 약 7g 이상의 단백질이 들어있고, 비타민A, 비타민D, 비타민E, 칼슘이 풍부하다.
포만감을 주기 때문에 과식을 막고 다이어트를 도와준다.
눈 건강에 좋은 루테인 성분이 풍부하게 들어있다.

뇌 기능과 기억력에 도움을 주는 영양소 콜린이 많이 들어 있는데, 콜린은 몸의 세포를 활성화하고 기억력을 증진하는 역할을 하여 뇌 건강과 집중력을 높여준다.
계란 노른자에는 비오틴이 들어있는데, 황산화작용이 있어 피부결을 좋게 해주고, 탈모를 방지해준다.
그 밖에도 치매 예방, 유방암 예방, 활력 증진, 콜레스테롤 수치 개선을 도와주는 다양한 영양소가 들어있다.

▶ 계란 보관법

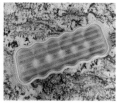

계란은 뾰족한 쪽의 껍데기가 더 두껍고, 평평한 부분에는 공기층이 있기 때문
에, 뾰족한 부분을 아래로 가게 해서 사온 계란팩 그대로 보관하거나,
계란 전용 보관함에 넣어, 냉장고에 얼지 않도록 보관한다.

요부마의 Tip

보통 냉장고 문에 계란 보관함이 있다.
하지만 냉장고 문은 자주 열고 닫아서 온도 변화가 생기기 쉽고, 계란에 균열이
생기기도 쉬우므로 별도의 계란 보관함에 넣어서 보관하는 것이 좋다.

9
○

고춧가루, 새우젓

▶ 고춧가루
고춧가루은 밀폐용기에 넣고 유통기한을 적은 후에 냉동보관한다.
제조일로부터 1년 정도 사용 가능하다.

▶ 새우젓
새우젓은 밀폐용기에 넣고 유통기한을 적은 후에, 냉동실 안쪽에 보관한다. 소량
씩 소분해서 보관하면 더 좋다.

요부마의 Tip

새우젓을 덜 때는 나무나 플라스틱 수저
를 사용하며, 금속으로 된 수저는 사용
하지 않는다. 수저의 쇠 성분과 새우젓
의 염화나트륨 성분이 만나면 화학반응
을 일으켜, 변질 되기 쉽다.

10

○

육류와 생선

▶ 육류와 생선 보관법

육류는 1~2인분으로 소분하고, 용도에 맞게 스테이크용, 찌개용으로 잘라서 지퍼백에 넣고, 내용물과 유통기한을 종이테이프에 라벨링해서 냉동 보관한다.

▶ 생선 보관법

생선은 냉장고에서 보관할 수 있는 기간이 1~2일로 매우 짧으므로,
당일 먹을 것만 냉장 보관하고, 나머지는 바로 소분하여 라벨링 한 후에 냉동 보관한다.

11

그 외 과일 냉동 보관법

▶ 바나나
살짝 무른 바나나는 1~2센티미터로 슬라이스한 후에 냉동 보관 하면,
오트밀이나 스무디를 만들 때 바로 사용할 수 있다.

▶ 스무디용 과일
딸기, 블루베리, 라즈베리, 망고, 파인애플 등의 과일도 시들해지면 바로 냉동해
서 스무디 재료로 사용하면 좋다.

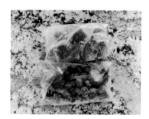

PART 7

미니멀 쿡 레시피

에그 또띠아롤

재료_____

계란 3개, 6인치 또띠아 3장, 버섯 3~4개, 양파 60g, 샌드위치 햄 한 장, 토마토 소스
또는 케챱 5큰술, 갈릭 파우더(옵션), 올리브유 1~2 큰술

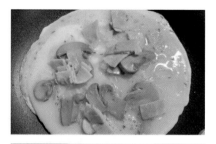

만드는 법_____

1. 볼에 계란을 풀어준다.
2. 8인치 팬을 가열한 후에 올리브 유를 살짝 두른다.
3. 계란 1/3을 팬에 고르게 부어준다.
4. 양파, 양송이 버섯, 햄을 계란 위에 조금씩 올려준다.
5. 또띠아에 토마토 소스/케챱을 얇게 펴 바른다.

6. 4의 계란 위에 또띠아를 올리고 손으로 살짝 눌러서 계란에 접착시킨다.
7. 3분 후에 또띠아와 계란을 함께 뒤집어주고 1분 더 구워준다.
8. 7을 도마에 옮긴 후에 바로 돌돌 말아준다.

치즈파 계란말이

재료_____

계란 3개, 피자 치즈 4큰술, 다진 파 1큰술, 올리브유 약간

만드는 법 _____

1. 계란 팬을 중불로 가열한 후에 기름을 살짝 두른다. 키친타올로 기름을 살짝 닦아준다.

2. 볼에 계란을 풀고 다진 파를 넣고 섞어준다.

3. 계란 1/2을 팬에 고르게 부어준다.

4. 피자치즈를 계란 위에 뿌린다.

5. 계란을 말아준고, 팬에 나머지 계란 1/2를 부어서 이전에 부은 계란과 연결시킨다.

6. 살짝 익었을 때, 돌돌 말아 준다.

참치 버무리

재료_____

참치캔 2개(184g), 양파 120g, 간장 2작은술(간장 1작은술, 쯔유 1작은술),
참기름 1큰술, 후추 약간, 깨소금 1~2작은술

만드는 법_____

1. 양파를 다진 후에 물에 5분~10분 담갔다가, 채반에 받쳐 물기를 쫙 빼준다.
2. 참치 기름을 쫙 빼준다.
3. 볼에 모든 재료를 넣고 잘 섞어준다.
4. 밀폐용기에 넣고 라벨링해서 냉장 보관한다. 일주일 정도 보관 가능하다.

당근 참치 샐러드

재료_____

채썬 당근 1컵(당근 1개), 참치 버무리 1컵, 마요네
즈 2큰술, 빵가루 1/3컵

만드는 법_____

1. 볼에 참치 버부리와 채썬 당근, 마요네즈를
   넣고 잘 섞는다.
2. 밀폐용기에 담고, 위에 빵가루를 고르게 뿌
   려준다.

요부마의 Tip

밀폐용기에 담아서 냉장 보관하면 5일 동
안 먹을 수 있다. 먹을 만큼만 작은 그릇
에 덜어 먹는다.

당근 참치 브루스케타

재료_____

식빵 1장, 당근 참치 샐러드 반 컵

만드는 법_____

1. 토스트를 4등분 한 후에 토스트기 또는 후라이팬에 바삭하게 굽는다.
2. 당근 참치 샐러드를 빵 위에 소복하게 올려준다.

참치 아보카도 토스트

재료_____

식빵 1장, 참치 버무리 4큰술, 아보카도 반 개, 칠리 후레이크(옵션)

만드는 법_____

1. 식빵을 바삭하게 굽는다.
2. 참치 버무리를 토스트 위에 펴바른다.
3. 아보카도 반을 슬라이스해서 올려준다.
4. 칠리 후레이크를 살짝 뿌려준다.

요부마의 Tip

계란프라이나, 스크램블, 삶은 달걀을 슬라이스해서 올려 먹으면 더 든든하다.

뱅뱅 매운참치마요 덮밥

재료_____

참치 1캔, 양파 반 개, 스리라차 소스 2큰술, 마요네즈 2큰술, 스위트 칠리소스 1큰술,
밥 한공기, 아보카도 반 개, 샐러드 야채 약간, 방울 토마토 2개

만드는 법 _____

1. 양파는 채썰어 물에 5~10분간 담궜다가 채반에 받쳐
   물기를 빼준다.
2. 참치 기름을 빼준다.
3. 소스볼에 스리라차, 마요네즈, 스위트 칠리소스를 넣
   고 섞는다.
4. 큰 볼에 참치, 양파, 소스를 넣고 잘 섞어준다.
5. 그릇에 밥을 담고, 샐러드 야채, 아보카도 슬라이스,
   방울토마토, 매운참치마요를 올려준다.

참치 오니기라즈

재료_____

참치버무리 또는 뱅뱅 매운참치마요 반 컵, 밥 반공기, 양상추 또는 깻잎 한 장,
김 한 장, 참기름 1큰술, 깨소금 약간

만드는 법_____

1. 밥 반공기에 참기름, 깨소금을 넣고 간한다.

2. 플라스틱 랩을 김 사이즈 보다 좀 더 크게 뜯어서 도마 위에 올린다.

3. 김을 놓고 가운데에 밥 1/2을 올린 후에 납작하게 편다.

4. 양상추를 올리고, 위에 참치버무리를 올린다.

5. 남은 밥을 올린다.(모든 재료를 차곡차곡 쌓는 느낌)

6. 김 양쪽 끝을 중심을 향해 모아서 싸준다. (김이 찢어지지 않게 여유를 남기지 않고 잘 싸준다.)

7. 랩으로 타이트하게 싸서 모양을 만들어준다.

8. 먹을 때는 반으로 잘라서 먹는다.

안심돈까스

재료

안심 1 kg, 밀가루 3큰술, 계란 1개, 물 50cc, 빵가루 2컵 이상,
소금&후추 약간

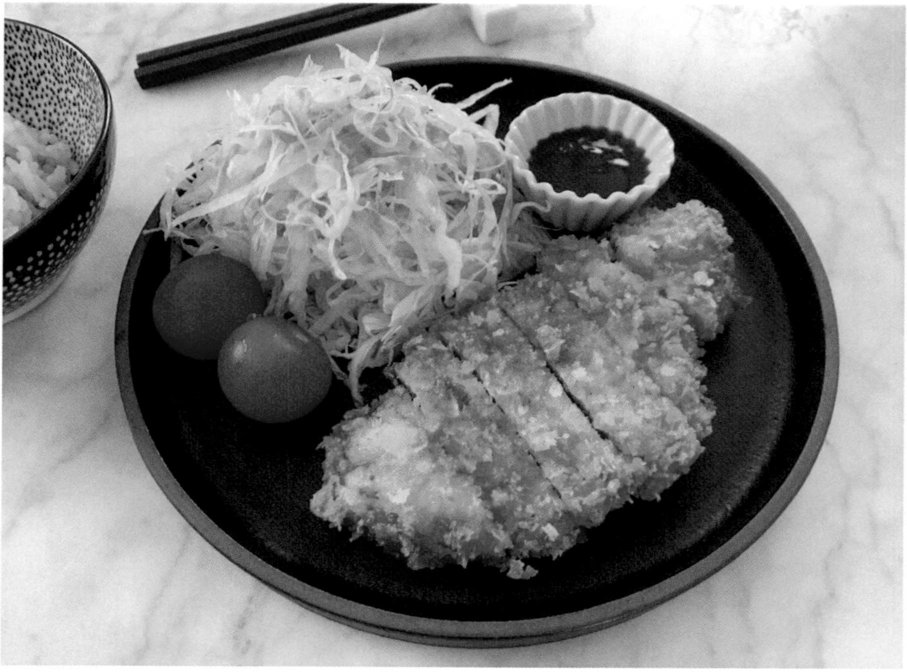

1. 물과 계란을 섞어 밀가루를 푼 튀김옷을 입히면 과정이 더 간단해진다.
2. 물과 계란을 섞어 밀가루를 푼 튀김옷을 입히고 빵가루를 입히면, 튀김옷이 두꺼워지고, 재료 내의 수분을 보호해서 겉은 태우지않고 속까지 완전하게 익힐 수 있다.

만드는 법_____

1. 돼지 안심을 1~1.5센티로 자른 후에, 두께가 같아지도록 칼등으로 두드린다.
2. 고기 앞뒤에 소금과 후추로 밑간을 한다.
3. 고기 크기보다 큰 사각그릇에 계란과 물을 넣고 섞은 후, 밀가루를 넣고 덩어리가 없을 때까지 잘 풀어준다.
4. 반죽을 돼지고기에 고르게 입힌 후, 빵가루를 손으로 꾹꾹 눌러서 듬뿍 묻혀준다.
5. 175C/350F의 기름에서 튀겨준다. 한쪽 면이 노릇하게 튀겨지면 한 번만 뒤집어서 반대쪽을 튀긴다.
6. 완전하게 식힌 후에 1개~2개 씩, 지퍼백에 소분해서 냉동보관한다.

가츠산도

재료_____

냉동 돈까스 2개(이미 한 번 튀겨서 냉동한 것), 식빵 4장, 양배추1/6통,
돈까스 소스 5큰술, 물 2큰술

만드는 법_____

1. 냉동돈까스를 에어프라이어에 튀긴다.
2. 양배추는 가늘게 채를 썰어 물에 담궜다가 채소탈수기 또는 채반에 받쳐 물기를 완전히 뺀다.
3. 돈까스 소스와 물을 섞는다. 돈까스에 소스를 고르게 발라준다.(코팅하듯이!)
4. 식빵을 구워서 양쪽면에 마요네즈를 바른 후에, 양배추를 올리고, 돈까스를 올린 후, 식빵으로 덮는다.
5. 반으로 잘라서 먹는다.

심플 잡채

재료_____

고구마 면(당면, 당면) 300g, 얇게 썬 소고기(등심 또는 립아이) 또는 돼지고기 150g, 얇게 썬 양파 1개, 얇게 썬 당근 1개, 얇게 썬 청피망 또는 홍피망 1개, 숙주100g, 다진 마늘 2 쪽, 볶음 용 식물성 기름 2 큰술, 장식 용 구운 참깨, 소금과 후추 약간
소스_간장 6 큰술, 설탕 2 큰술, 참기름 2 큰술

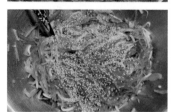

만드는 법_____

1. 찬물에 당면을 담고 2시간 이상 불린다.

2. 모든 재료를 얇게 썰어준다.

3. 달군 팬에 식용유 1큰술을 두르고 양파를 볶고 큰 볼에 옮겨준다.

4. 같은 팬에 식용유 1큰술을 두르고 당근을 볶고 큰 볼에 옮겨준다.

5. 같은 팬에 식용유 1큰술을 두르고 피망을 살짝 만 볶아 큰 볼에 옮겨준다.

6. 같은 팬에 식용유를 1큰술 두르고 다진 마늘을 살짝 볶은 후에 돼지고기를 넣고 볶는다.

7. 볶던 돼지고기에 소스 2~3큰술과 후춧가루를 뿌린 후에 볶아 큰 볼에 옮겨준다.

8. 팬에 남은 양념을 닦은 후에 다시 불 위에 올리고 불린 당면과 물 반 컵을 넣고 투명해질 때까지 2-3분 볶아준다. (당면이 붙지 않도록 빠르게 섞어주면서 볶는다.)

9. 익힌 당면을 볼에 넣고, 채소, 볶은 돼지고기, 참기름, 참깨를 넣는다.

10. 소스는 입맛에 맞도록 맛을 보면서 조금씩 넣어가면서 섞어준다.

11. 당면, 채소, 소스가 다 섞이면 그릇에 담는다.

베지테리안 우엉 잡채

재료_____

우엉 100 g, 당근 80g, 당면 200g, 들기름 또는 참기름 2큰술, 식물성 오일 1큰술, 소금 약간, 물 반 컵

소스_간장 2큰술, 미림 2큰술, 흑설탕 1큰술, 후춧가루 약간

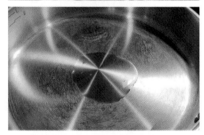

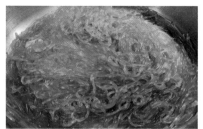

만드는 법_____

1. 당면은 찬물에 담궈 2시간 이상 불린다.(오래 넣어두어도 당면이 퍼지지 않는다.)
2. 우엉은 통으로 된 우엉을 양쪽 끝 부분 적당히 자르시고 감자 필러로 껍질을 벗겨준다. 깨끗이 씻어 얇게 채썰고, 식초를 조금 푼 물에 2분 정도 담궈둔다. 갈변을 방지하기 위해 식초물에 담궈둔다.
3. 당근 역시 우엉과 같은 크기로 채썰어 둔다.
4. 달군 팬에 들기름 2큰술을 두르고 우엉을 살짝 볶아 큰 볼에 담는다.
5. 같은 팬에 식물성 오일 1큰술을 두르고 당근을 소금을 살짝 뿌리고 볶아 큰 볼에 담는다.
6. 같은 팬에 불린 당면을 넣고 물 반 컵을 넣은 후에 익혀준다. (골고루 익도록 빠르게 섞어주면서 익힌다)
7. 볼에 익힌 당면, 우엉, 당근에 소스를 조금씩 넣으면서 간을 맞추면서 섞어준다.

쇠고기 우엉 잡채

재료_____

불고기용 쇠고기 100g, 다진 마늘 1큰술, 간장 1큰술, 미림 1큰술
설탕 1작은술, 식용유 2큰술

만드는 법_____

1. 달군 팬에 식용유 2큰술을 두르고 쇠고기를 볶다가 소스를 넣고 함께 소스
   가 졸아들고 고기가 노릇해질 때까지 볶는다.
2. 그릇에 우엉 잡채를 담고 쇠고기를 올려준다. 먹을 때는 모든 재료를 섞어서
   먹는다.

미니 해물 부추전

재료_____

부추 100g, 당근 50g, 양파 60g, 해물믹스
80g, 부침가루 반 컵, 물 약간, 후추 약간, 식용류

요부마의 Tip

반죽이 너무 많으면 부침개가 두꺼워지고
밀가루 맛이 많이 난다.

만드는 법_____

1. 부추는 5센티 정도로 자르고, 당근과 양파는 채썰어서 준비한다.
2. 냉동 해물믹스는 찬물에 청주를 한 작은술 넣고 해동한 후에, 물기를 짝 빼고 후추를 부린다.
3. 모든 재료를 볼에 넣고 잘 섞는다.
4. 부침가루를 넣고 물은 야채에 부침가루가 잘 묻을 정도로만 넣어준다.

부추간장소스 _____

양조간장 2큰술, 물 1큰술, 미림 1큰술, 식초
1작은술,참기름 3방울,고춧가루 1/2작은술,
잘게 썬 양파 4큰술, 잘게 썬 부추 3~4큰술

바나나오트밀

재료_____

아몬드 밀크 또는 두유 1컵, 물 1컵, 오트밀 1컵, 바
나나 1개, 올리고 당(또는 꿀, 메이플 시럽, 브라운
슈가 등) 1~2큰술, 시나몬 가루 1 작은술

기호에 따라서 견과류나 건조 과일을 토
핑으로 추가하면 더 맛있고 영양도 풍부
해진다.

만드는 법_____

1. 냄비에 물을 넣고 끓인다.
2. 오트밀을 넣는다.
3. 오트밀이 익으면 아몬드 밀크를 넣고 중불에서 3분 더 익혀준다.
4. 바나나를 넣고 포크로 으깨준다.
5. 올리고 당이나 시럽을 넣어준다.
6. 오트밀을 그릇에 담고 시나몬 가루를 솔솔 뿌려서 먹는다.

전기밥솥 고구마

재료_____

햇고구마 2~3개, 물 반 컵

만드는 법_____

1. 전기밥솥에 물을 넣는다.
2. 실리콘 찜기를 넣는다.
3. 고구마를 반으로 잘라서 찜기 위에 한층으로 올린다.
4. 만능찜 기능으로 25~30분 쪄준다.

케일칩

재료_____

케일 3~4줄기, 식물성 스프레이 1번 (스프레이 없으면 오일 1큰술), 소금, 후추

만드는 법_____

1. 가위로 케일 3~4줄기를, 3~4센티 크기로 숭덩숭덩 잘라준다.

    (아래쪽 굵은 줄기는 너무 두껍고 질기므로 잎부분만 잘라서 사용한다)

2. 케일을 스피너(야채 탈수기)에 담고 물에 담가 5분간 둔다.

3. 물을 버린 후에 스피너를 돌려 물기를 최대한 빼준다.

    (스피너가 없을 경우, 채반에 받쳐서 물기를 뺀 후, 키친타올로 눌러서 물기를 제거한다.)

4. 에어프라이어에 호일을 깔고, 케일을 넣은 후에 오일을 부려준다.

5. 소금, 후추를 살짝 뿌린 후에 잘 섞어준다.

6. 에어프라이어에 화씨 375도/섭씨 190도에 3분 돌려주고, 고르게 익도록 섞어준 후에 2분
   더 돌려준다.

    (각 집마다 에어프라이 성능이 다르므로, 여러번 해보면서 최적의 온도와 시간을 알아간다)
    /올리브오일을 사용할 경우에는 화씨 365도/섭씨 185도

에어프라이어 두부구이

재료_____

두부 반 모, 식물성 오일 스프레이, 소금, 후추

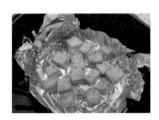

만드는 법_____

1. 에어프라이어에 호일을 깔고 오일 스프레이를 뿌려준다.
2. 두부는 키친타올로 물기를 제거한 후에 1.5센티 큐브로
   잘라서 에어프라이어에 한 층으로 올려준다.
3. 오일, 소금, 후추를 뿌린다.
4. 에어프라이어에 화씨 375도/섭씨 190도에 3분 돌려주고, 고르게 익도록 섞어준
   후에 2분 더 구워준다. (각 집마다 에어프라이 성능이 다르므로, 여러번 해보면서
   최적의 온도와 시간을 알아간다)
   * 올리브오일을 사용할 경우에는 화씨 365도/섭씨 185도

아보카도오일은 발연점이 271도로, 콩기
름(241도)과 올리브오일(190도)보다 높
아 튀김 요리에도 적합하다.(발연점이란
기름을 가열했을 때 연기가 생기는 지점
의 온도다)

튀김이나 볶음요리, 샐러드 드레싱으로
먹는다. 그냥 한 숟가락을 떠먹으면 위에
좋다.

퀴노아밥

재료_____

쌀 한 컵, 퀴노아 1/3컵, 물 1컵

만드는 법_____

1. 쌀과 퀴노아를 밥솥(볼)에 넣고, 물을 넣고 헹군다. (퀴노아는 알갱이가 작으므로, 작은 채를 사용해서 손실을 막아준다.)
2. 물 한 컵을 넣고, 쾌속 취사를 누르면, 10분이면 완성된다.

볶음밥 플레이팅

볶음밥은 밥공기에 담아서 꾹꾹 누른 후에, 접시 위에 뒤집어준다.

덮밥 플레이팅

카레라이스나 하이라이스처럼 소스가 많은 음식은 밥을 밥공기에 담아서
꾹꾹 누른 후에, 접시에 뒤집고 여백 부분에 소스를 뿌려준다.
덮밥은 밥을 평평하게 담은 후에, 내용물을 밥의 반 정도에만 부어준다.

허브로 포인트

볶음밥, 덮밥, 고기, 생선 등, 뭐가 되었든
허브(타임, 바질, 파슬리), 가늘게 채 썬 깻잎, 송송 썬 쪽파를
살짝 올려주는 것 만으로도 멋져진다.

PART 8

미니멀 쿡의 효과

1

종잣돈이 생겼다

미니멀 쿡을 시작한 지 어느새 네 달이 되었다.
계좌에 돈이 눈처럼 소복하게 쌓이고 있다.

이전에는 남편 통장에서 자동이체 받은 생활비를 며칠 만에 다 써버리고, 모자란 부분은 신용카드로 결제했다.
다음 달에 신용카드 청구서를 내고 나면 그 달의 생활비가 모자란다.
또 신용카드를 결제하고, 또 돈이 모자르는 악순환이 반복되었다.
그렇게 저축 통장에 돈이 모일 새가 없이, 생활비를 받는 족족 다 써버렸다.

불필요한 식비를 줄이니 다른 지출도 자연스럽게 줄어들었다.
그리고 통장에 돈이 조금씩 쌓이기 시작했다.
계좌에 돈이 불어가는 것을 보니 스스로가 기특했다.
그러자 돌아오는 주에도 미니멀 쿡을 할 의지가 생겼다.

2

시간과 노력이 절약된다

필요한 재료를 똑똑하게 구매하고, 미리 재료를 손질, 소분, 냉동해
놓고, 음식도 미리 만들어서 냉동 해놓았다가 꺼내먹으니,
매끼 요리하지 않아도 되어 요리에 들었던 시간과 노력이 줄어들
었다.

대신 그 시간에 아이와 놀아주거나, 책을 읽거나, 강의를 들을 수 있
는 자기계발 시간이 늘어났다.

3

○

건강해진다

이전에는 하루종일 바쁘게 종종 거리다보면 밥을 먹을 시간이 되고, 배는 고픈데 피곤하고 귀찮아서 대충 패스트푸드를 사먹을 때가 많았다.

하지만 지금은 건강한 재료로 만들어 놓은 냉동 음식을 데워서 먹으면 된다.

매일 건강한 집밥을 먹을 수 있다.
매끼 건강한 음식을 알맞게 먹으니, 점점 몸이 가벼워지고 건강해지고 있다.

4

가족 모두 행복한 홈레스토랑

매끼를 집에서 먹다보니, 무엇을 어떻게 해먹을까 생각하게 된다.
그렇게 하다보니 집밥 아이디어도 레벨업 되었다.
이런 것을 생각지수가 높아진다고 하나보다.

생각보다 더 다양한 메뉴에 대한 아이디어가 떠올랐고,
집에서 온가족이 모여서 맛있는 집밥을 편안한 분위기에서 먹을 수
있게 되었다.

내 가정의 경제도 튼튼하게 다잡고,
바쁜 생활에 방치되었던 건강을 되찾고 싶은데 무엇을, 어떻게 시작해야
좋을지 모르겠다면, 오늘부터 미니멀 쿡을 시작해보면 어떨까?

식비를 줄이고, 정해진 예산에서, 건강한 식재료를 딱 필요한만큼만 사
고, 하루 이틀만 몸을 부지런히 움직이며 식재료를 손질하고, 간단하고
맛있는 음식을 만들어 보는 것이다.

내 작은 키친에서 시작된 작은 노력이 세 달 후에는 통장에 차곡하게 쌓
인 돈과 함께 기쁨과 뿌듯함으로 되돌아올 것이다.